中国少儿百科

探秘航天

尹传红　主编　苟利军　罗晓波　副主编

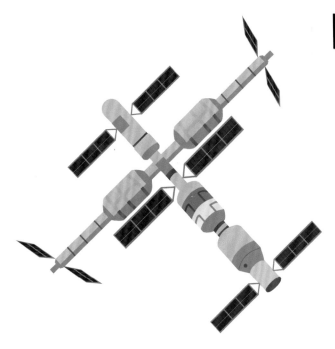

核心素养提升丛书

四川科学技术出版社

很多小朋友都是"飞机迷",可是你知道飞机有哪些类型吗? 航空和航天有什么不同? 世界上第一个宇航员又是谁呢? 带着这些疑问让我们一起去看一看吧!

直升机是一种可以垂直起飞和降落的飞机,完全不需要跑道。它可以在低空以较慢的速度飞行。最特别的是,直升机还能在空中悬停,并倒退飞行。

声音传播的速度是很快的,有些超音速飞机的速度竟然比声音还要快,最快接近10倍音速。

法国研制的A380超大型客运飞机,被称为"空中客车",长度超过70米,最多能乘坐550人。

以上这些飞机都属于航空飞行器。"航空"指飞行器在地球大气层中飞行，飞行器在大气层以外的太空中航行时则称为"航天"。运载火箭、人造卫星、宇宙飞船、航天飞机等都是航天器。

现代的运载火箭，能够冲大气层，把人造卫星、宇宙船、航天飞机等送入太空中，它们帮人类探索宇宙的奥秘。

据记载，墨子曾做了一只木鸢，可以在空中翱翔一天；后来鲁班又做了一只木鹊，竟然可以连续飞行三天。

古时候，中国人就有飞上蓝天的梦想。那时候古人就能扎制风筝，让它们在空中随风飘荡。后来出现的孔明灯则能飞上更高的天空。

阿基米德是古希腊伟大的科学家，他很早就揭示了物体升空的原理。

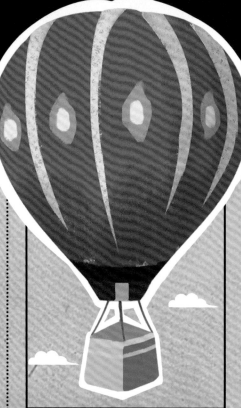

1783 年，法国的蒙哥尔费兄弟研制出了热气球，从此人们可以乘坐热气球在空中飞行了。于是，人类多年来翱翔蓝天的梦想，终于实现了。

不仅如此，齐柏林还是一名商业精英，他创办了全世界第一家民用航空公司，并驾驶飞艇飞越了辽阔的大西洋。

到了 20 世纪初期，一个叫齐柏林的德国人又发明了可以装载大型货物、在空中飞行的硬式飞艇。

在世界航空史上，第一架有动力、可以在空中自由飞行的飞机是"飞行者一号"，在1903年12月17日试飞成功。它的发明者是美国的莱特兄弟。

"飞行者一号"的出现，是世界航空时代的开端。

当然，"飞行者一号"的机体十分简陋。它的机身、机翼和螺旋桨，都用轻便而牢固的枞木制成，机翼蒙皮则采用涂过清漆的亚麻布。

机头

机身

尾翼

发动机　机翼

通常，飞机由机头、机身、机翼、发动机、尾翼、起降装置等组成。当然，和汽车一样，飞机也装配了发动机，它负责给整架飞机提供动力。

喷气式飞机是一种以喷气式发动机为动力装置的高速飞机。燃料燃烧时产生的气体会以极快的速度向后喷射，从而使飞机获得更大的推力，飞行速度更快。

喷气式飞机的最大飞行高度能达到 30 000 米以上。和以前的螺旋桨式飞机相比，它可以飞得更高、更快。

在种类繁多的直升机中，除了普通的民用直升机，还有专门执行战斗任务的武装直升机。武装直升机分为轻型武装直升机、中型武装直升机和重型武装直升机。所有的武装直升机都配备了武器，是可怕的"树梢杀手"。

水上飞机是可以在水面起飞、降落和停泊的飞机，主要执行海上巡逻、反潜、救援，以及旅游观光、通勤、航拍等任务。

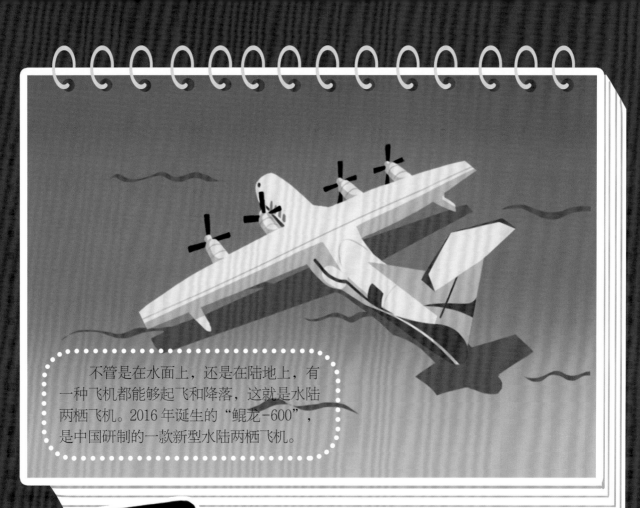

不管是在水面上，还是在陆地上，有一种飞机都能够起飞和降落，这就是水陆两栖飞机。2016年诞生的"鲲龙-600"，是中国研制的一款新型水陆两栖飞机。

此外还有数量众多的微型飞机，它们的个头很小，无法搭载人员，所以被称为无人机。

无人机能够翱翔蓝天，主要依靠无线电遥控设备和自身设置的程序。无人机使用灵活，价格低廉，可根据任务需要搭载多种设备，是名副其实的"空中多面手"。

飞机使用的燃料是航空燃油。在空中负责给其他飞机补充油料的飞机，就是空中加油机，它能帮助受油机飞得更远。

和车辆驾驶员一样，各类飞机的驾驶员也必须接受严格的训练。专门培训飞行员的飞机就是教练机。中国研制的L-15双发超音速高级教练机是世界上最先进的高级教练机之一。

中国研制的第一款空中加油机——"轰油-6"空中加油机。

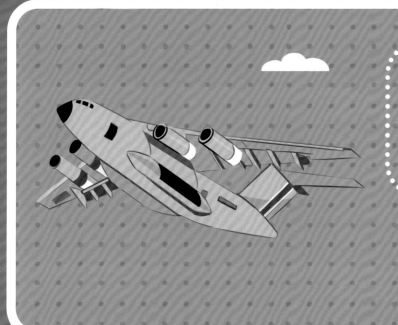

起飞总重量超过 100 吨的运输机，属于大型运输机，通常分为民用型和军用型两种。有些大型运输机的航程，可以达到上万千米。获得空中加油后，甚至还能执行全球运输任务。

中国研制的新一代大型军用运输机"运-20"，代号"鲲鹏"，在2013年成功首飞。

世界上第一款宽体民用飞机，是美国的波音747大型商用宽体客/货运输机。在长达37年的时间里，它一直都是世界上载客量最大的飞机。

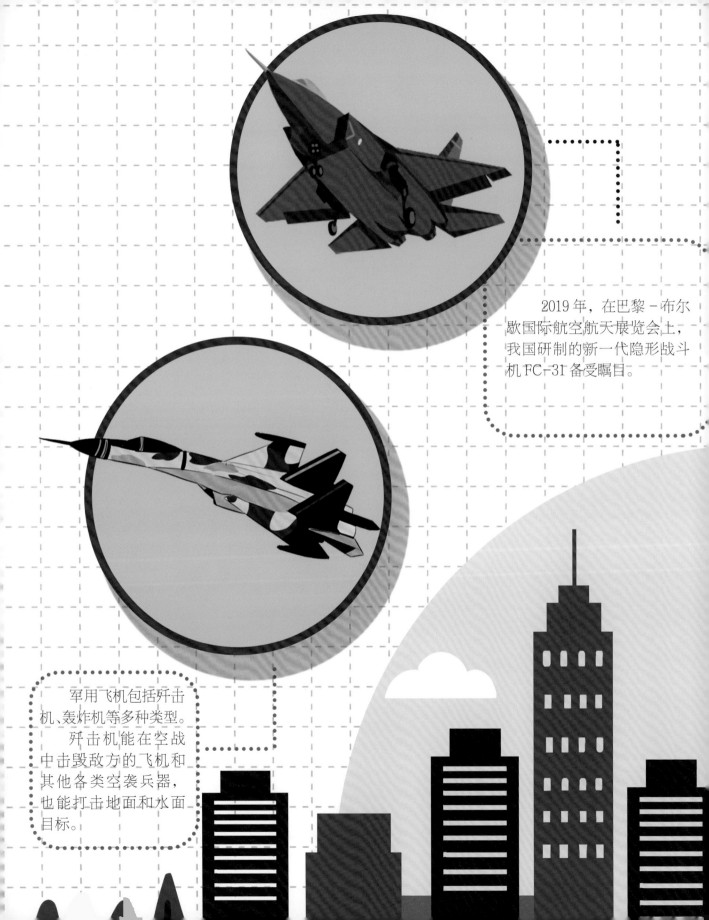

2019 年，在巴黎 - 布尔歇国际航空航天展览会上，我国研制的新一代隐形战斗机 FC-31 备受瞩目。

军用飞机包括歼击机、轰炸机等多种类型。

歼击机能在空战中击毁敌方的飞机和其他各类空袭兵器，也能打击地面和水面目标。

执行战略轰炸任务的远程轰炸机，称为"战略轰炸机"，它既能投掷常规炸弹和核弹，还能发射巡航导弹。中国也拥有自己的战略轰炸机，那就是轰-6K轰炸机。

侦察机也是军用飞机中的一员，它的主要用途是在空中执行侦察任务，获取军事情报，堪称历史最悠久的军用飞机。

侦察机分为战略侦察机和战术侦察机两种。战略侦察机不但飞行高度高，而且航程远，并能够携带各类先进的电子侦察设备。

SR-71"黑鸟"高空侦察机是美国研制的一款性能强悍的远程高空高速战略侦察机。

四　飞向太空的火箭和卫星

古时候，中国人就已经发明了最早的火箭。它利用火药爆炸产生的推力发射易燃物，具有强大的威力。

现代运载火箭的发射原理和古代火箭基本一致。

当然，作为航天运输工具的运载火箭，体积比古代火箭大得多，结构也复杂得多，分为单级火箭和多级火箭，内部还设有仪器舱等。

美国的"土星五号"运载火箭，是全世界最大的运载火箭，高110多米。

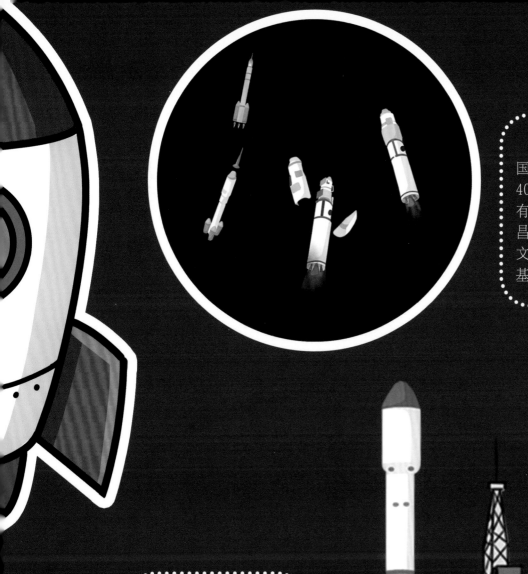

作为世界航天大国，中国已经发射了400多枚运载火箭，拥有甘肃酒泉、四川西昌、山西太原、海南文昌等四处火箭发射基地。

中国在 1965 年开始研制运载火箭。1970 年 4 月 24 日，我国的第一枚运载火箭"长征一号"在甘肃酒泉发射成功。

运载火箭个个都是庞然大物，那么它们是怎样飞到太空去的呢？

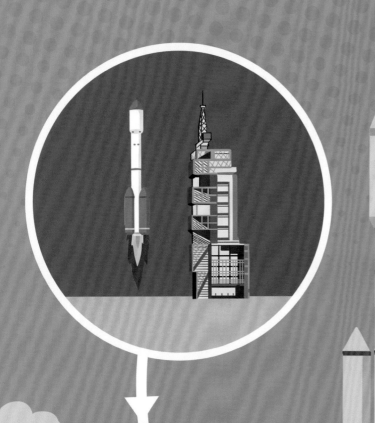

藀立在地面发射塔上的运载火箭，第一级火箭发动机点火后，火箭腾空而起，速度越来越快。

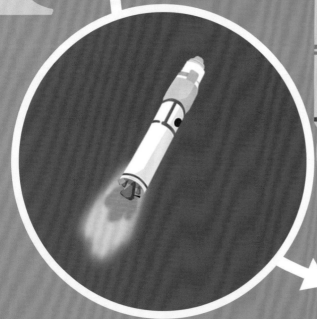

当它上升到 70 千米左右的高度时，第一级火箭发动机关闭，一级箭体随之分离，二级火箭发动机点火，推动火箭继续向上飞行。

火箭上升到 150 千米以上的高空时，会抛掉一个部件——整流罩。

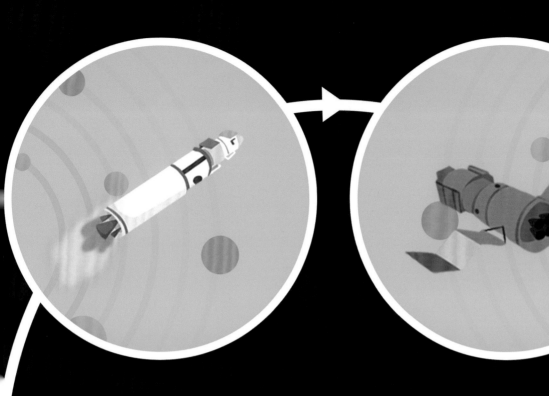

当火箭达到预定的速度和高度时，二级火箭发动机也会自动熄火，箭体分离。

当达到 200 千米的高空时，火箭已经冲出大气层。这时，火箭运载的人造卫星或宇宙飞船等航天器就会从火箭上分离出去，而火箭也完成了自己的使命。

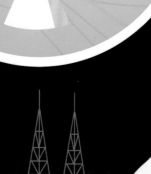

一些火箭还会安装逃逸塔，如果火箭发射后突发险情，飞船里的航天员就可以利用逃逸塔脱离险境。

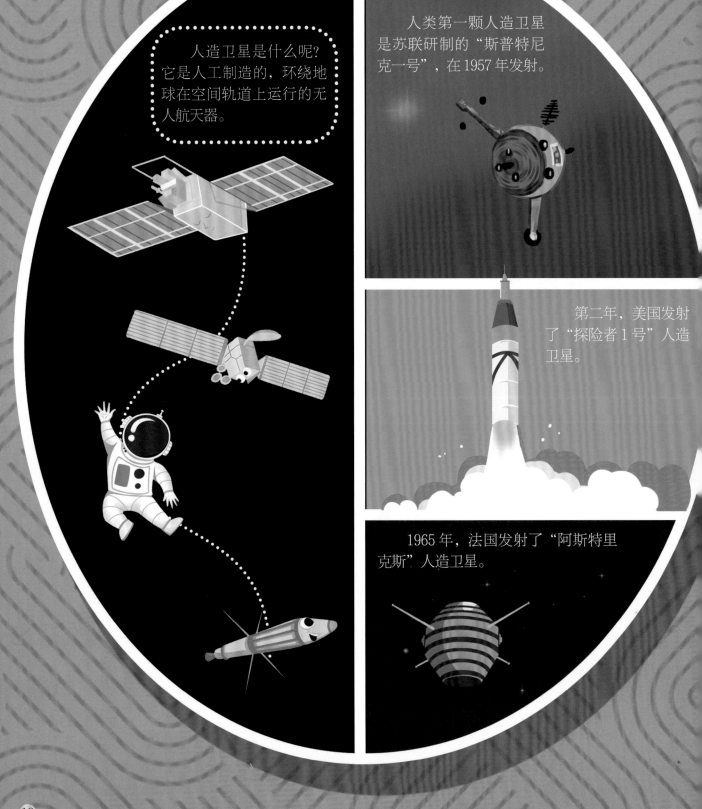

人造卫星是什么呢? 它是人工制造的，环绕地球在空间轨道上运行的无人航天器。

人类第一颗人造卫星是苏联研制的"斯普特尼克一号"，在1957年发射。

第二年，美国发射了"探险者1号"人造卫星。

1965年，法国发射了"阿斯特里克斯"人造卫星。

1970 年 4 月 24 日，"长征一号"运载火箭搭载着中国的第一颗人造卫星——"东方红一号"成功升空。直到现在，这颗重 173 千克的卫星仍然在轨道上运行。

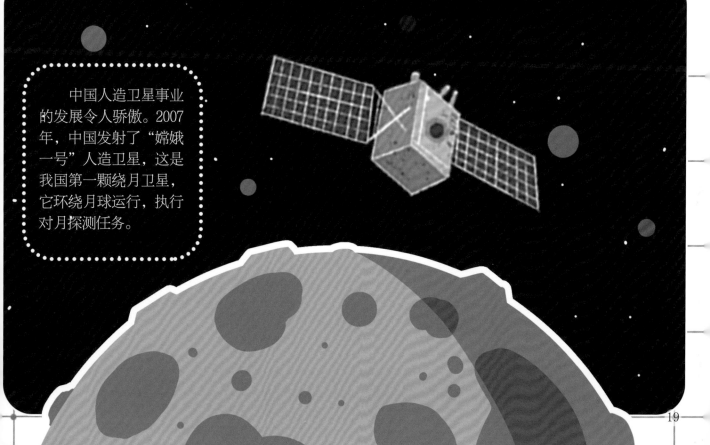

中国人造卫星事业的发展令人骄傲。2007年，中国发射了"嫦娥一号"人造卫星，这是我国第一颗绕月卫星，它环绕月球运行，执行对月探测任务。

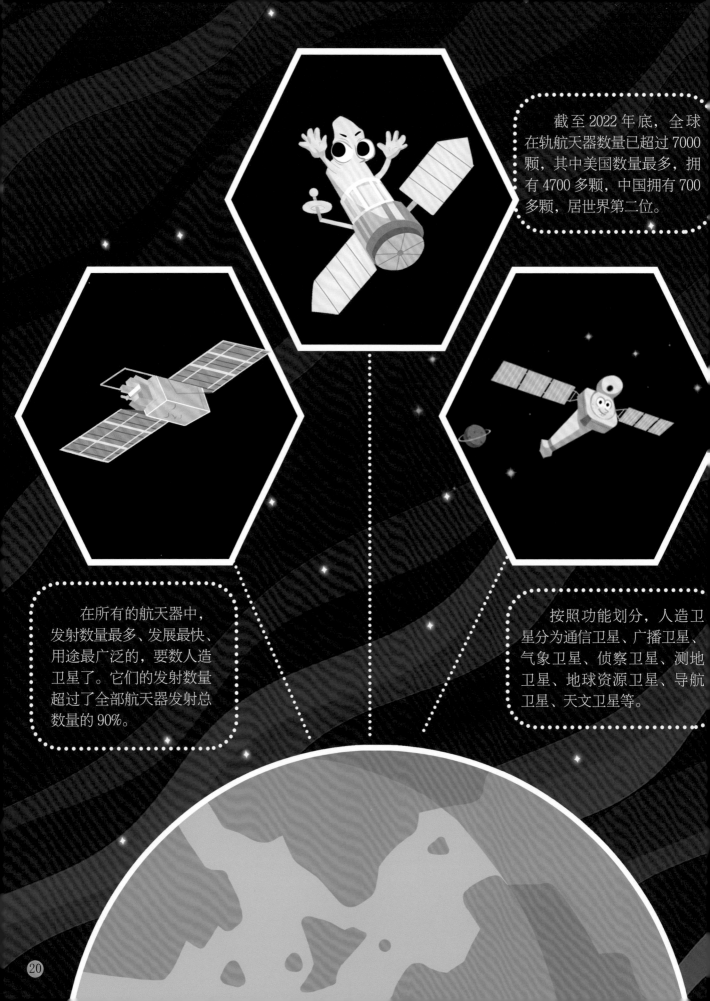

截至 2022 年底，全球在轨航天器数量已超过 7000 颗，其中美国数量最多，拥有 4700 多颗，中国拥有 700 多颗，居世界第二位。

在所有的航天器中，发射数量最多、发展最快、用途最广泛的，要数人造卫星了。它们的发射数量超过了全部航天器发射总数量的 90%。

按照功能划分，人造卫星分为通信卫星、广播卫星、气象卫星、侦察卫星、测地卫星、地球资源卫星、导航卫星、天文卫星等。

通信卫星可以收集地面上的各种信息，再把这些信息发送给地面上其他地方的用户。

广播卫星也叫广播电视卫星，或者广播通信卫星。它可以转播广播声音和电视信号，和它配套的地面设施是广播电视发射站及接收站。

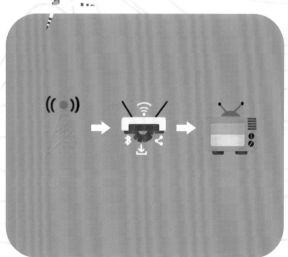

不管是在繁荣的城市，还是在偏僻的乡村、山区，广播卫星都能让我们正常收看、收听丰富多彩的广播电视节目。

气象卫星能观测地球和大气层的气象状况，获取气象数据。其中，地球静止轨道气象卫星能连续观测全球三分之一的气象状况，并预报未来天气，如中国的"风云二号"气象卫星。

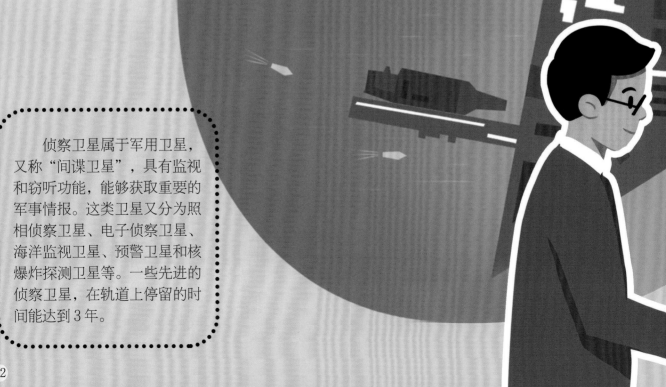

侦察卫星属于军用卫星，又称"间谍卫星"，具有监视和窃听功能，能够获取重要的军事情报。这类卫星又分为照相侦察卫星、电子侦察卫星、海洋监视卫星、预警卫星和核爆炸探测卫星等。一些先进的侦察卫星，在轨道上停留的时间能达到3年。

测地卫星用于测定地面点位坐标、地球形体等。世界上第一颗测地卫星是美国的"安娜－1B"号。其中，装备测地系统的叫"主动测地卫星"，而没有装备该系统的叫"被动测地卫星"。

地球资源卫星用于勘察、研究地球资源和环境。2000年3月发射的"资源一号"卫星，是中国和巴西共同研制的对地遥感资源卫星。

有一种人造卫星，能够连续发射无线电信号，为地面、海洋、空中及太空的用户导航和定位，这就是导航卫星。

中国自行研制的北斗卫星导航系统，在 2020 年 7 月 31 日正式开通。该系统分为空间段、地面段和用户段三部分，其中空间段由 30 多颗卫星组成。

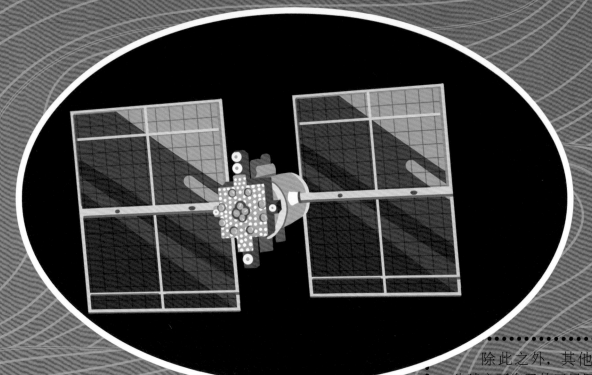

除此之外，其他国家也建立了自己的卫星导航系统，如美国全球定位系统和俄罗斯"格洛纳斯"卫星导航系统。

天文卫星的用途是观测宇宙天体和其他空间物质，记录天文数据。X射线天文卫星的主要任务，是观察天体的X射线辐射。

"慧眼"硬X射线调制望远镜是中国的第一颗X射线天文卫星。这颗卫星的问世及大地提升了我国在这一领域的国际地位和影响力。

"慧眼"在2017年6月发射，预计寿命只有4年，但是，直到现在它还在正常运行，称得上是一颗长寿的X射线天文卫星。

随着新一代卫星和大推力运载火箭技术日趋成熟，以及深空探测能力的不断增强，中国对宇宙的探索已经进入了一个全新的阶段。

五 宇宙飞船和其他航天器

1969 年 7 月 16 日，美国的"阿波罗 11 号"宇宙飞船飞入太空。这是一艘载人飞船，上面搭载了三名美国航天员。

"阿波罗 11 号"于 7 月 20 日在月球上成功着陆。21 日，阿姆斯特朗和奥尔德林先后踏上了月球，成为最早登月的人。

当时，阿姆斯特朗激动万分地说："这是我个人的一小步，却是全人类的一大步。"

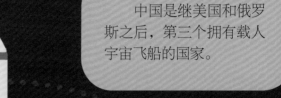

中国是继美国和俄罗斯之后，第三个拥有载人宇宙飞船的国家。

1999 年 11 月，中国的第一艘宇宙飞船"神舟一号"成功发射。它运载的物品中，有中国的国旗、澳门特别行政区区旗、奥林匹克运动会会旗、各种邮票和纪念信封、农作物的种子及一些中药材等。

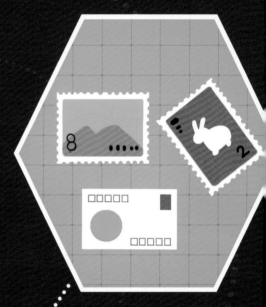

2003 年 10 月，中国航天员杨利伟乘坐"神舟五号"宇宙飞船遨游太空，这是中国的第一艘载人飞船。

搭乘"神舟"飞船进入太空的航天员，除了杨利伟，还有费俊龙、聂海胜、刘洋、刘伯明、景海鹏等人。其中，刘洋是第一个进入太空的中国女航天员。

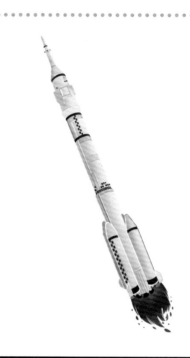

中国的宇宙飞船是"神舟"系列飞船，到目前已经发射了十八艘。编号从"神舟一号"到"神舟十八号"。

"神舟"系列飞船中，除了"神舟一号"到"神舟四号"和"神舟八号"外，其他都是载人飞船。

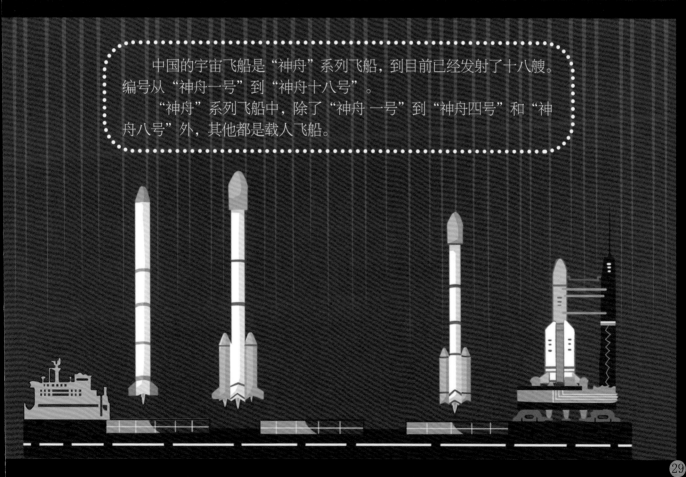

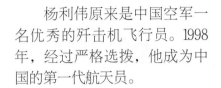

杨利伟原来是中国空军一名优秀的歼击机飞行员。1998年，经过严格选拔，他成为中国的第一代航天员。

2003年10月15日，他壮志满怀地乘坐"神舟五号"飞入茫茫的太空，成为中国的第一位"太空使者"。

在太空中，"神舟五号"载着杨利伟围绕地球航行14圈，历时21个小时，最后在内蒙古境内安全着陆。

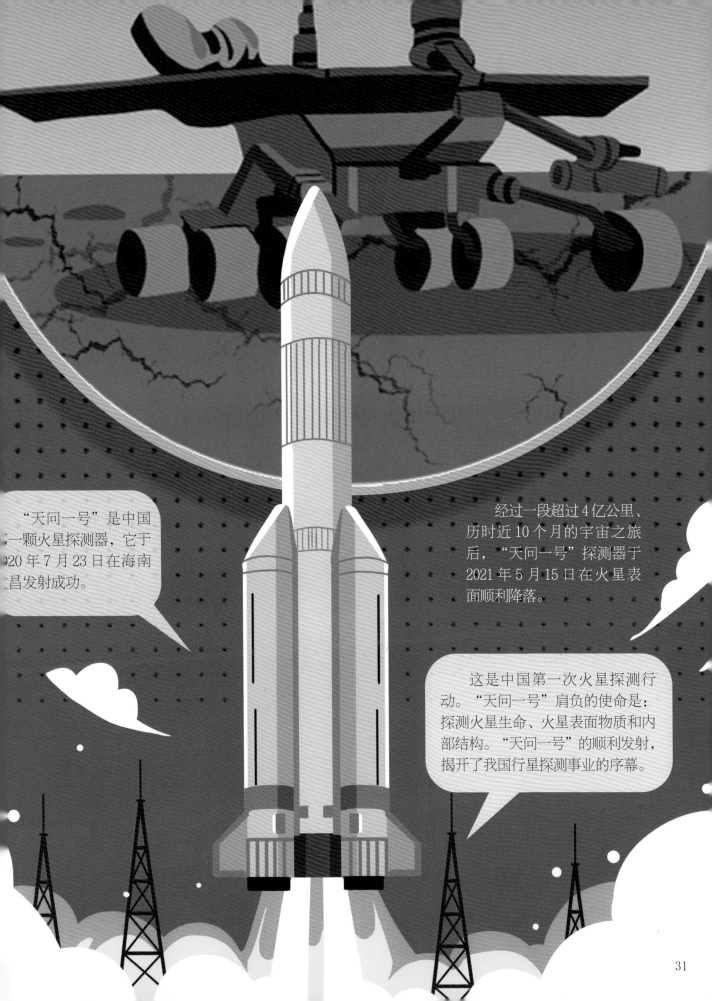

"天问一号"是中国[第]一颗火星探测器，它于[2]020年7月23日在海南[文]昌发射成功。

经过一段超过4亿公里、历时近10个月的宇宙之旅后，"天问一号"探测器于2021年5月15日在火星表面顺利降落。

这是中国第一次火星探测行动。"天问一号"肩负的使命是：探测火星生命、火星表面物质和内部结构。"天问一号"的顺利发射，揭开了我国行星探测事业的序幕。

空间站是一种大型航天器，又叫航天站、太空站或轨道站，它能在轨道上长期运行，保证航天员们较长时间地工作和生活。

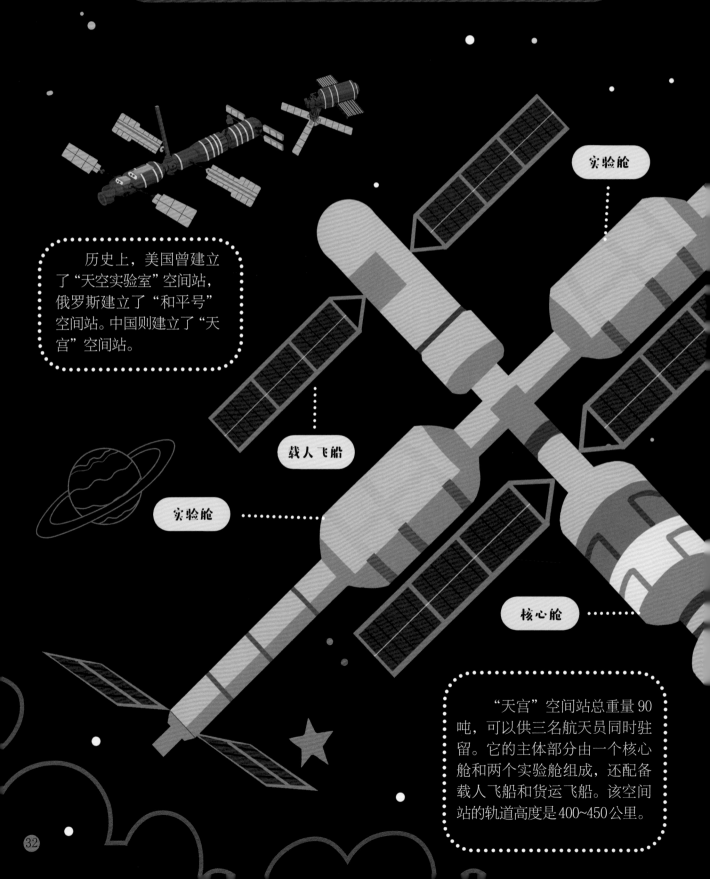

历史上，美国曾建立了"天空实验室"空间站，俄罗斯建立了"和平号"空间站。中国则建立了"天宫"空间站。

实验舱

载人飞船

实验舱

核心舱

"天宫"空间站总重量90吨，可以供三名航天员同时驻留。它的主体部分由一个核心舱和两个实验舱组成，还配备载人飞船和货运飞船。该空间站的轨道高度是400~450公里。

2021年6月17日，"神舟十二号"载人飞船和"天宫"空间站核心舱成功对接。随后，聂海胜、刘伯明和汤洪波从飞船进入核心舱，成为进入"天宫"空间站的第一批航天员。随后，他们驻留了3个月时间。

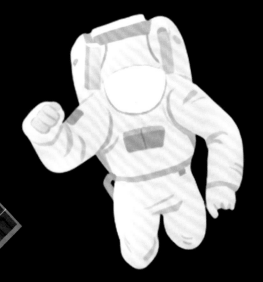

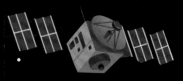
货运飞船

此外，翟志刚、王亚平、叶光富等中国航天员，也曾经进驻"天宫"空间站。

一般而言，飞机是无法飞出大气层的，但神奇的航天飞机却能在太空中自由航行。

它既可以像火箭一样垂直起飞，还可以像飞机一样滑翔降落。它能搭载多名航天员，可以发射、回收及维修卫星，还能进行各类科学实验。

比航天飞机更加神奇的是航空航天变形飞机。不过，这种航天器目前仅存在于科学家们的设想中，还没有研制成功。

航天飞机飞入太空后，还能返回地面，并可以重复使用。

随着航天活动日渐频繁，不可避免地产生了一些太空垃圾，比如飞船残骸、卫星碎片、漆片等。残留在地球轨道上的太空垃圾，到2012年时已达4500吨，已严重威胁航天器的安全。

这是一个令全世界科学家分外关注和担忧的问题。为了清理太空垃圾，中国在2006年发射了"遨龙一号"空间碎片主动清理飞行器。

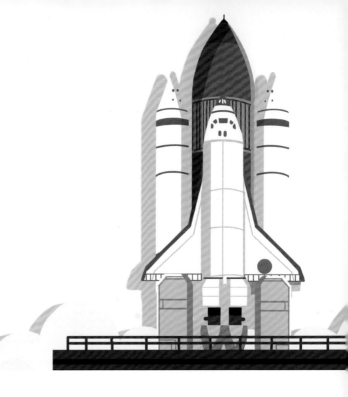

图书在版编目（CIP）数据

探秘航空航天 / 尹传红主编；苟利军，罗晓波副主编 . -- 成都：四川科学技术出版社，2024.7. --（中国少儿百科核心素养提升丛书）. -- ISBN 978-7-5727-1440-5

Ⅰ . V-49

中国国家版本馆 CIP 数据核字第 2024CH8681 号

中国少儿百科　核心素养提升丛书
ZHONGGUO SHAOER BAIKE HEXIN SUYANG TISHENG CONGSHU

探秘航空航天
TANMI HANGKONG HANGTIAN

主　　编　尹传红

副 主 编　苟利军　罗晓波

出 品 人　程佳月

责任编辑　夏菲菲

选题策划　鄢孟君

封面设计　韩少洁

责任出版　欧晓春

出版发行　**四川科学技术出版社**
　　　　　成都市锦江区三色路 238 号　邮政编码 610023
　　　　　官方微博 http://weibo.com/sckjcbs
　　　　　官方微信公众号　sckjcbs
　　　　　传真 028-86361756

成品尺寸　205mm×265mm

印　　张　2.25

字　　数　45 千

印　　刷　成业恒信印刷河北有限公司

版　　次　2024 年 7 月第 1 版

印　　次　2024 年 9 月第 1 次印刷

定　　价　39.80 元

ISBN　978-7-5727-1440-5

邮　　购：成都市锦江区三色路 238 号新华之星 A 座 25 层　邮政编码：610023
电　　话：028-86361770